河南省南水北调配套工程技术标准

河南省南水北调配套工程验收工作导则

U0235231

2014－05－19 发布实施

河南省南水北调中线工程建设领导小组办公室　发 布

图书在版编目(CIP)数据

河南省南水北调配套工程验收工作导则/河南省水利水
电工程建设质量监测监督站主编. —郑州:黄河水利出版社,
2014.7

ISBN 978-7-5509-0835-2

Ⅰ.①河… Ⅱ.①河… Ⅲ.①南水北调-水利工程-
工程验收-河南省 Ⅳ.①TV68

中国版本图书馆 CIP 数据核字(2014)第 161992 号

出 版 社:黄河水利出版社
　　　　地址:河南省郑州市顺河路黄委会综合楼 14 层　　　　邮政编码:450003
发行单位:黄河水利出版社
　　　　发行部电话:0371-66026940、66020550、66028024、66022620(传真)
　　　　E-mail:hhslcbs@126.com
承印单位:河南省瑞光印务股份有限公司
开本:880 mm×1 230 mm　1/16
印张:5.25
字数:128 千字　　　　　　　　　　　　　　印数:1—1 100
版次:2014 年 7 月第 1 版　　　　　　　　　印次:2014 年 7 月第 1 次印刷

定价:45.00 元

河南省南水北调中线工程建设领导小组办公室文件

豫调办〔2014〕51 号

关于印发《河南省南水北调配套工程
验收工作导则》的通知

各省辖市南水北调办、配套工程建管局：

为进一步规范我省南水北调配套工程验收工作，明确验收内容，程序及责任主体，保证验收工作质量，依据水利部和国务院南水北调办公室的相关规定，结合配套工程特点，我办组织编写了《河南省南水北调配套工程验收工作导则》。现印发给你们，请认真贯彻执行。

特此通知。

附件:南水北调配套工程验收工作导则

2014 年 5 月 19 日

《河南省南水北调配套工程验收工作导则》编写人员

编写委员会

主　　任：王小平

副 主 任：杨继成

编　　委：单松波　雷淮平　孙觅博　蔡传运　耿万东

　　　　　戚世森　魏扬顺　胡国领　李申亭

参加编写人员

主　　编：单松波　雷淮平　孙觅博　蔡传运

副 主 编：耿万东　戚世森　胡国领　李申亭

编写人员：戚世森　王银山　易善亮　司大勇　刘晓英

　　　　　郭　涌　崔国明　黄晓林　杜　明　张攀辉

　　　　　吕仲祥　雷振华　杜晓晓　白建峰　高　翔

　　　　　陈相龙　付瑞杰　苏　航　李　鹏　杨东英

　　　　　张　瑜　赵　翼　李凌湧

前　言

为进一步规范河南省南水北调配套工程验收工作,明确验收内容、程序,保证验收工作质量,依据国务院南水北调工程建设委员会办公室及河南省南水北调中线工程建设领导小组办公室相关规定,结合我省南水北调受水区配套工程特点,制定本导则。本导则主要内容包括总则、术语、基本规定、验收监督管理、施工合同验收、政府主管部门组织的验收、工程移交及遗留问题处理、附录等。

在使用过程中,如发现需要修改或补充之处,请将意见和资料反馈河南省南水北调中线工程建设领导小组办公室。

本导则批准部门:河南省南水北调中线工程建设领导小组办公室

本导则解释单位:河南省南水北调中线工程建设领导小组办公室

本导则主编单位:河南省水利水电工程建设质量监测监督站

目 录

1 总 则

1.0.1 为加强河南省南水北调配套工程验收管理工作,规范验收行为,提高验收工作质量,根据《河南省南水北调配套工程验收管理办法(试行)》及国家和河南省有关规定,结合河南省南水北调配套工程的实际情况,按照《水利技术标准编写规定》(SL 1—2002)的要求,制定本导则。

1.0.2 本导则适用于河南省南水北调受水区配套工程施工合同验收和政府主管部门组织验收的相关活动。

1.0.3 施工合同验收由项目建管单位依据河南省南水北调中线工程建设管理局(简称"省建管局",下同)与其签订的委托管理合同和有关规定负责组织实施。政府主管部门组织的验收由河南省南水北调中线工程领导小组办公室(简称"省南水北调办",下同)或国家及行业规定的有关专项验收主持单位负责实施。

1.0.4 南水北调配套工程验收的目的是通过检查已经完成的工程以及核对工程实施过程中形成的资料,按照有关验收依据,对已经完成的工程进行鉴定并做出是否符合有关设计、技术标准和合同的结论。

1.0.5 当工程具备验收条件时,应及时组织验收。未经验收或验收不合格的工程不得进行后续工程施工或交付使用。验收工作应相互衔接,不应重复进行。

1.0.6 南水北调配套工程验收工作,除应执行《河南省南水北调配套工程验收管理办法(试行)》及本导则外,还应符合国务院南水北调工程建设委员会办公室(简称"国调办",下同)和国家及行业有关规定。专项验收执行专项验收相关规定。需要移交其他行业部门管理使用的工程,其验收工作可以执行其他行业部门的有关验收规定。

2 术 语

2.0.1 本导则所称施工合同验收包括:分部工程验收、单位工程验收、合同项目完成验收、合同中约定的其他验收。

2.0.2 本导则所称政府主管部门组织的验收包括:单项工程通水验收、设计单元工程完工验收、国家及行业规定的有关专项验收、配套工程竣工验收。

2.0.3 本导则所称单项工程是指项目划分时将设计单元中的一个分水口门及其管线所包含的建设内容划分的一个工程项目。

2.0.4 本导则所称项目建管单位是指受省"建管局"委托行使项目建设管理权的市南水北调配套工程建设管理局及其他单位。

2.0.5 本导则所称列席是指质量监督机构及其他相关单位出席相关验收会议,对验收过程进行监督,但不在验收鉴定书上签字的行为。

2.0.6 本导则所称参建单位是指项目建管单位、监理、勘测、设计、施工、主要设备供应(制造)商、管道制造厂家等单位。

3 基本规定

3.0.1 配套工程开工后,项目建管单位应结合工程建设计划及时组织制订工程验收工作方案和计划(格式见附录A),并将验收工作方案和计划报省南水北调办及质量监督机构备案。当工程建设计划进行调整时,工程验收工作方案和计划也应相应地调整并重新报省南水北调办及质量监督机构备案。

3.0.2 工程验收应以下列文件为主要依据:

    1 国家现行有关法律、法规、规章和技术标准;

    2 有关主管部门的规定;

    3 经批准的工程立项文件、初步设计文件、调整概算文件及相应的工程变更文件;

    4 施工图纸及主要设备技术说明书等;

    5 施工合同验收还应以施工合同为依据。

3.0.3 工程验收应包括以下主要内容:

    1 检查工程是否按照批准的设计进行建设;

    2 检查已完工程在设计、施工、设备制造安装等方面的质量及相关资料的收集、整理和归档情况;

    3 检查工程是否具备运行或进行下一阶段建设的条件;

    4 检查工程投资控制和资金使用情况;

    5 对验收遗留问题提出处理意见;

    6 对工程建设做出评价和结论。

3.0.4 按照国调办、国家及行业有关规定在验收前应完成的专项鉴定、评估、检测等,项目建管单位应组织完成,且作为验收应具备的条件之一。

3.0.5 验收工作由验收主持单位组织的验收委员会(或验收工作组,下同)负责,验收结论应经过三分之二以上验收委员会(工作组)成员同意。验收的成果性文件是验收鉴定书,验收委员会(工作组)成员应在验收鉴定书上签字。对验收结论持有异议的,应将保留意见在验收鉴定书上明确记载并签字。

3.0.6 验收中发现的问题,其处理原则由验收委员会(工作组)协商确定。主任委员(组长)对争议问题有裁决权,但是半数以上验收委员会(工作组)成员不同意裁决意见的,需报请验收主持单位决定。

3.0.7 验收委员会(工作组)对工程验收不予通过的,应明确不予通过的理由并提出整改意见。有关单位应及时组织处理有关问题,完成整改,并按照程序重新申请验收。

3.0.8 验收资料制备由项目建管单位统一组织,有关单位应按要求及时完成并提交。验收资料分为应提供的资料和需备查的资料,验收资料清单分别见附录B和附录C。资料提交单位应保证其资料的真实性并承担相应责任。

3.0.9 工程验收的图纸、资料和成果性文件应按竣工验收资料要求制备。除图纸外,验收资料的规格宜为国际标准A4(210 mm×297 mm),单本厚度不超过48 mm。文件正本应加盖单位印章且不应采用复印件。

4 验收监督管理

4.0.1 省南水北调办负责河南省南水北调配套工程建设项目验收的监督管理工作。

4.0.2 工程验收监督管理的方式应包括现场检查、参加验收活动、对验收工作计划与验收成果性文件进行备案等。

4.0.3 省南水北调办可根据工作需要到工程现场检查工程建设情况、验收工作开展情况以及对接到的举报进行调查处理等。

4.0.4 工程验收监督管理应包括以下主要内容：

1 验收工作是否及时；

2 验收条件是否具备；

3 验收人员组成是否符合规定；

4 验收程序是否规范；

5 验收资料是否齐全；

6 验收结论是否明确等。

4.0.5 当发现工程验收不符合有关规定时，省南水北调办应及时要求验收主持单位予以纠正，必要时可要求暂停验收或重新验收。

4.0.6 验收过程中发现的技术性问题原则上应按合同约定进行处理。合同约定不明确的，按国家或行业技术标准规定处理。当国家或行业技术标准暂无规定时，由省南水北调办协调解决。

5 施工合同验收

5.1 一般规定

5.1.1 施工合同验收的内容、应具备的主要条件、程序、执行的标准等应在合同中明确。特殊情况,也应在验收前确定。

5.1.2 施工合同约定的建设内容完成后,应进行合同项目完成验收。当合同工程仅包含一个单位工程时,宜将单位工程验收与合同项目完成验收一并进行,但应同时满足相应的验收条件。

5.1.3 施工合同验收由项目建管单位(或委托监理单位)主持,其中分部工程验收可由监理单位主持。验收工作组由项目建管单位以及与合同工程有关的勘测、设计、监理、施工、主要设备制造(供应)商、管道制造厂家等单位的代表组成。必要时,可邀请上述单位以外的专家参加。

5.1.4 验收工作组成员应具有工程验收所需要的资格条件和相关的专业知识。除特邀专家外,验收工作组成员是代表所在单位参加工程验收,应持有所在单位的书面授权确认书。

5.1.5 施工合同验收可按专业性质设立专业组,并由各专业组进行专业工程检查并提出相应的检查意见。

5.1.6 验收工作组应对验收所需要的资料进行完整性和规范性检查,当发现不符合有关标准、规定和要求时,要求资料提供单位进行必要的修改和完善。

5.1.7 项目建管单位应提前 5 个工作日通知质量监督机构进行施工合同验收的具体时间。质量监督机构应派代表列席施工合同验收会议。

5.1.8 验收后,项目建管单位应按规定时间将验收质量结论报质量监督机构核定(核备)。

5.2 分部工程验收

5.2.1 分部工程具备验收条件时,施工单位应通过监理机构向项目建管单位提交验收申请报告,其格式及内容要求见附录 D。项目建管单位应在收到验收申请报告之日起 10 个工作日内决定是否同意进行验收。

5.2.2 当需验收的分部工程位置与南水北调干线工程存在交叉时,项目建管单位应及时通知省建管局和所在的建管处,省建管局和所在的建管处可根据具体情况决定是否列席验收会议。

5.2.3 分部工程验收工作组成员应具有中级及其以上技术职称或相应执业资格,项目建管单位的技术负责人、监理单位的总监理工程师、施工单位项目部的技术负责人应参加分部工程验收,参加分部工程验收的每个单位代表人数不宜超过 2 名。

5.2.4 分部工程验收应具备以下条件：

    1 所有单元工程已完成；

    2 已完单元工程施工质量经评定合格,有关质量缺陷已处理完毕或有监理机构批准的处理意见；

    3 工程建设资料满足验收要求；

    4 合同约定的其他条件。

5.2.5 分部工程验收应包括以下主要内容：

    1 检查工程是否达到设计标准或合同约定标准的要求；

    2 评定工程施工质量等级；

    3 对验收中发现的问题提出处理意见。

5.2.6 分部工程验收应按以下程序进行：

    1 项目建管单位或委托监理单位主持会议,成立分部工程验收工作组,确定验收工作组组长；

    2 验收工作组组长主持验收工作,确定工作组人员分工情况；

    3 听取施工单位工程建设和单元工程质量评定情况的汇报；

    4 现场检查工程完成情况和工程质量；

    5 检查单元工程质量评定及相关档案资料；

    6 讨论并通过分部工程验收鉴定书；

    7 验收工作组成员在验收鉴定书上签字；

    8 验收工作组向项目建管单位汇报验收情况。

5.2.7 项目建管单位应在分部工程验收通过之日后 10 个工作日内,将验收质量结论和相关资料报质量监督机构核备。

5.2.8 质量监督机构应在收到验收质量结论之日后 20 个工作日内,将核备意见书面反馈项目建管单位。

5.2.9 当质量监督机构对分部工程验收质量结论有异议时,项目建管单位应组织验收工作组进一步研究,并将研究意见报质量监督机构。当双方对质量结论仍然有分歧意见时,应报省南水北调办协调解决。

5.2.10 分部工程验收遗留问题处理情况应有书面记录并有相关责任单位代表签字,书面记录应随分部工程验收鉴定书一并归档。

5.2.11 分部工程验收鉴定书格式见附录 E。正本数量可按参加验收单位、质量监督机构和工程参建单位各 1 份以及归档所需要的份数确定。自验收鉴定书通过之日起 30 个工作日内,由项目建管单位发送至有关单位,并报送省南水北调办备案。

5.3 单位工程验收

5.3.1 单位工程完工后,项目建管单位应及时委托有相应资质的检测单位对该单位工程实体质量及外观质量按要求进行检测。

5.3.2 单位工程验收前,项目建管单位应按规定及时组织外观质量评定,并将外观质量评定结论报质量监督机构核定。

5.3.3 单位工程完工并具备验收条件时,施工单位应通过监理机构向项目建管单位提交验收申请报告,其格式及内容要求见附录 D。项目建管单位应在收到验收申请报告之日起 10 个工作日内决定是否同意进行验收。

5.3.4　当需验收的单位工程与南水北调干线工程存在交叉或该单位工程为主要单位工程时,建设单位应及时通知省建管局和所在的建管处,省建管局和所在的建管处应派人列席验收会议。

5.3.5　单位工程验收工作组成员应具有中级及其以上技术职称或相应执业资格,项目建管单位的负责人,监理单位的总监理工程师、施工单位项目经理应参加单位工程验收,每个单位代表人数不宜超过 3 名。

5.3.6　单位工程验收应具备以下条件:

 1　所有分部工程已完建并验收合格;

 2　分部工程验收遗留问题已处理完毕并通过验收,未处理的遗留问题不影响单位工程质量评定并有处理意见;

 3　工程建设资料满足验收要求;

 4　合同约定的其他条件。

5.3.7　单位工程验收应包括以下主要内容:

 1　检查工程是否按批准的设计内容完成;

 2　评定工程施工质量等级;

 3　检查分部工程验收遗留问题处理情况及相关记录;

 4　检查工程安全运行条件;

 5　对验收中发现的问题提出处理意见。

5.3.8　单位工程验收应按以下程序进行:

 1　项目建管单位主持会议,成立单位工程验收工作组,确定验收工作组组长;

 2　验收工作组组长主持验收工作,确定工作组人员分工(或专业组分组)情况;

 3　听取工程参建单位工程建设有关情况的汇报;

 4　现场检查工程完成情况和工程质量;

 5　检查分部工程验收有关文件及相关档案资料;

 6　讨论并通过单位工程验收鉴定书;

 7　验收工作组成员在验收鉴定书上签字;

 8　验收工作组向项目建管单位汇报情况。

5.3.9　项目建管单位应在单位工程验收通过之日后 10 个工作日内,将验收质量结论和相关资料报质量监督机构核定。

5.3.10　质量监督机构应在收到验收质量结论之日后 20 个工作日内,将核定意见书面反馈项目建管单位。

5.3.11　质量监督机构核定的单位工程质量等级与验收质量结论不一致时,质量监督机构应在核定意见栏里说明原因。项目建管单位不同意质量监督机构的核定意见时,应报省南水北调办协调解决。

5.3.12　单位工程验收鉴定书格式见附录 F。正本数量可按参加验收单位、质量监督机构、省南水北调办和工程参建单位各 1 份以及归档所需要的份数确定。自验收鉴定书通过之日起 30 个工作日内,由项目建管单位发送至有关单位,并报送省南水北调办备案。

5.4 合同项目完成验收

5.4.1 施工合同项目建设内容完成后,项目建管单位应组织合同项目完成验收。

5.4.2 合同项目完成并具备验收条件时,施工单位应通过监理机构向项目建管单位提交验收申请报告,其格式及内容要求见附录 D。项目建管单位应在收到验收申请报告之日起 10 个工作日内决定是否同意进行验收,不同意验收应明确理由。

5.4.3 合同项目完成验收应具备的主要条件是:

1 合同范围内的工程项目和工作已经按合同文件的要求完成,但项目建管单位同意列入保修期完成的尾工除外;

2 工程项目已经完成合同文件要求进行的各种验收;

3 施工现场已经进行了清理并符合合同文件要求;

4 已经试运行(或部分投入使用)的工程安全可靠,符合合同文件的要求;

5 工程有关观测(监测)仪器和设备已经按设计要求安装和调试,并已经测得初始值及施工期各项观测(监测)值;

6 历次验收发现的问题及质量缺陷已处理完毕;

7 验收资料已整理完毕并满足验收要求,包括施工图纸和竣工图。

8 合同中约定的其他条件。

5.4.4 合同项目完成验收应包括以下主要内容:

1 检查合同范围内工程项目和工作完成情况;

2 检查施工期工程投入使用或试运行情况;

3 检查合同完工结算情况;

4 审查有关验收报告;

5 确定合同范围内项目遗留尾工和处理意见;

6 对验收中发现的问题提出处理要求并落实责任处理单位;

7 对合同项目工程质量进行检验和评定。

5.4.5 合同项目完成验收应按以下程序进行:

1 项目建管单位主持会议,成立合同项目工程验收工作组,确定验收工作组组长;

2 验收工作组组长主持验收工作,确定工作组的专业组分组情况;

3 听取工程参建单位工程建设有关情况的汇报;

4 现场检查工程完成情况、工程投入使用或试运行情况、施工现场清理情况和工程质量;

5 检查工程验收有关文件及相关档案资料;

6 讨论并通过合同项目完成验收鉴定书;

7 验收工作组成员在验收鉴定书上签字;

8 验收工作组向项目建管单位汇报情况。

5.4.6 合同项目完成验收时,项目建管单位应提前 5 个工作日通知省南水北调办。省南水北调办参加验收人员不在验收的主要成果性文件上签字。

5.4.7 项目建管单位应自合同项目完成验收通过之日起 30 个工作日内,将合同项目完成验收鉴定书和相关资料报质量监督机构核备。

5.4.8 质量监督机构在收到合同项目完成验收鉴定书之日起 30 个工作日内,将载有质量监督机构核备意见的鉴定书除自留一份存档外,其余正本返回项目建管单位。当质量监督机构对验收质量结论有异议时,由省南水北调办协调解决。

5.4.9 项目建管单位应在收到核定后的合同项目完成验收鉴定书之日起 30 个工作日内,将其报省南水北调办备案并行文发送有关单位。

5.4.10 合同项目完成验收鉴定书格式见附录 G。正本数量可按参加验收单位、质量监督机构和工程参建单位各 1 份以及归档所需要的份数确定

5.5 合同中约定的其他验收

5.5.1 合同中约定有其他的验收时,应按合同约定组织验收。

5.5.2 由其他行业部门主持验收的工程,验收工作可执行其他行业部门的有关验收规定。

5.5.3 合同中约定的其他验收原则上应在合同项目完成验收前进行。

5.5.4 项目建管单位应将验收成果材料归档,并在自验收通过之日起 30 个工作日内,将验收结论报送省南水北调办和质量监督机构备案。

6 政府主管部门组织的验收

6.1 一般规定

6.1.1 政府主管部门组织的验收由相关政府主管部门主持。验收委员会由验收主持单位、质量监督机构、运行管理单位的代表以及有关专家组成;必要时,可邀请地方人民政府以及有关部门参加。验收专家组成员应具有国家规定的相应执业资格或高级专业技术职称。

工程参建单位应派代表参加验收,并作为被验收单位在验收鉴定书上签字。

6.1.2 工程项目具备验收条件时,项目建管单位应向验收主持单位提出验收申请报告,其格式及内容要求见附录 K。验收主持单位应自收到申请报告之日起 20 个工作日内决定是否同意进行验收。

6.1.3 验收主持单位根据工程建设需要,可成立专家组先进行技术性初步验收。

6.1.4 自验收鉴定书通过之日起 30 个工作日内,验收主持单位应将验收鉴定书发送至参加验收单位及其他有关单位。

6.2 工程质量抽检

6.2.1 工程验收前以及验收过程中,当发现工程实物质量与验收资料明显不相符合、工程质量有争议、工程验收中发现的问题需要通过必要的检测才可以确定时,验收主持单位可以要求项目建管单位对工程做进一步必要的抽检。抽检所需费用由项目建管单位列支,不合格工程发生的抽检费用由责任单位承担。

6.2.2 工程质量检测单位应通过国家计量认证,不得与项目法人、项目建管单位、监理、设计、施工、设备供应(制造)、管道制造厂家等单位隶属同一经营实体或同一行政单位的直接下属单位。

6.2.3 根据验收主持单位的要求和项目的具体情况,项目建管单位应商工程质量监督机构确定工程项目质量抽检项目和数量并报验收主持单位核定。

6.2.4 工程质量检测单位应按照有关技术标准和抽检合同对工程进行质量抽检。工程质量检测单位应及时提出质量抽检报告并对有关结论负责。项目建管单位应自收到质量抽检报告 10 个工作日内将质量抽检报告报验收主持单位。

6.2.5 凡抽检不合格的工程,项目建管单位应及时与有关单位研究质量处理方案并组织实施。其中,涉及重大设计变更的方案须报有关主管部门批准后实施。影响工程安全运行以及使用功能的质量问题未处理完毕前,不得申请工程验收。

6.3 单项工程通水验收

6.3.1 单项工程具备通水条件的应进行单项工程通水验收。

6.3.2 单项工程通水验收由省南水北调办或委托市南水北调办主持。

6.3.3 单项工程通水验收应具备的条件:

1 与通水有关的工程已完成,且形象面貌满足通水要求;

2 金属结构、机电设备、输配电设备等安装调试已完成,满足通水要求;

3 有关观测(监测)设施已按设计要求安装和调试,并已取得初始值;

4 工程外观质量评定的检查检测工作已经完成;

5 工程质量缺陷、质量问题、质量事故等均已处理并通过验收;

6 工程通水后,不影响其他未完工程正常施工,且其他工程的施工不影响通水工程的安全运行;

7 通水后其他未完工程的建设计划和施工措施已落实;

8 通水运行管理条件已经初步具备;

9 有关工程运行的安全防护措施已经落实;

10 通水工程的调度运用方案、运行操作规程已编制完成并经审批,有度汛要求的度汛方案已编制上报批准。

6.3.4 不同类型工程通水验收除具备6.3.3规定的主要条件外,尚应满足以下条件:

1 泵站工程已通过试运行验收;

2 水闸工程、管道工程均已完成,有设计要求的静水压试验已完成,具备运行条件;

3 管理设施能满足基本运行管理要求。

6.3.5 单项工程未完全具备上述条件的,项目建管单位应组织专门论证,并提出本单项工程通水验收应具备的条件,报验收主持单位审批后执行。

6.3.6 申请单项工程通水验收前,项目建管单位应组织进行单项工程通水验收自查。自查工作由项目建管单位主持,勘测、设计、监理、施工、主要设备制造(供应)商、管道制造厂家以及运行管理等单位的代表参加。

6.3.7 单项工程通水验收自查的主要内容是:

1 验收所需的工作报告是否完成;

2 工程通水验收条件是否具备;

3 与通水有关的历次验收遗留问题是否处理;

4 验收前应完成的工作是否落实等。

6.3.8 单项工程通水验收由验收主持单位组织成立的验收委员会负责。验收委员会可按专业下设专业工作组。

6.3.9 单项工程通水验收应包括以下主要内容:

1 检查工程是否按照国家批准的设计文件进行建设;

2 审查项目建管单位的工程建设管理工作报告;

3 检查工程施工、设备制造及安装等方面的质量,质量缺陷及质量事故是否已处理并通过验收;

4 检查安全评估结论;

5 进行安全运行条件检查;

6 对工程重大技术问题做出评价;

7 对验收中发现的问题提出处理意见;

8 鉴定与通水有关的工程质量;

9 检查工程是否满足通水验收条件。

6.3.10 单项工程通水验收应按以下程序进行:

1 验收主持单位召开预备会,明确单项工程通水验收委员会成员名单,成立技术性初步验收专家组和各专业工作组。

2 召开大会

(1)宣布验收会议程;

(2)宣布通水验收委员会成员名单和技术性初步验收专家组组长和各专业工作组成员名单;

(3)观看工程声像资料;

(4)听取项目法人、监理、设计、施工、安全评估、质量监督、运行管理等单位的工作报告。

3 查看工程现场。

4 分专业工作组检查工程及验收资料。

5 专家组组长召开技术性初步验收专家组会议,听取各专业工作组工作报告,讨论并通过技术性初步验收工作报告,形成单项工程通水验收鉴定书(初稿)。

6 召开验收委员会会议

(1)宣读技术性初步验收工作报告;

(2)讨论并通过单项工程通水验收鉴定书;

(3)验收委员会成员在单项工程通水验收鉴定书上签字。

6.3.11 单项工程通水验收工作的主要成果性文件是单项工程通水验收鉴定书(格式见附录 H)和技术性初步验收工作报告(格式可参照附录 I)。材料的份数按验收主持单位、质量监督机构、项目建管单位和工程参建单位各 1 份以及归档所需要份数确定。

6.4 泵站机组试运行验收

6.4.1 泵站机组及相应附属设备安装在投入运行前,应进行机组试运行验收。

6.4.2 泵站机组试运行验收由省南水北调办或委托市南水北调办主持。

6.4.3 泵站机组试运行验收前,项目建管单位应组织编制泵站机组试运行方案,并报省南水北调办备案。

6.4.4 泵站机组试运行验收应具备的主要条件是:

1 与机组运行有关的建筑物基本完成;

2 与机组运行有关的金属结构及启闭设备安装完成,并经过调试可满足机组运行要求;

3 暂不运行使用的压力管道等已进行必要的处理;

4 机组和附属设备安装完成,有关仪器、仪表、工具等已经配备,并经过调整试验和试运转,可满足机组运行要求;

5 必要的输配电设备和通信设备安装完成,供电准备工作已经就绪,可满足机组运行要求;

6 机组试运行的测量、监控、安全防护和消防设施已经安装调试合格;

7 机组启动试运行试验文件已经编制;

8 机组运行操作规程已经编制；

9 机组运行人员的配备可以满足机组试运行的要求；

10 验收所需的资料已经满足要求，包括施工图纸和竣工图纸；

11 保证机组试运行以及合同中约定的其他条件。

6.4.5 机组试运行验收应包括以下主要内容：

1 检查有关工程建设和设备安装情况；

2 检查有关验收资料完成情况；

3 审查机组启动试运行试验文件；

4 检查机组试运行应具备的条件是否满足；

5 审查机组试运行工作组提出的试运行工作报告。

6.4.6 泵站机组试运行验收应按以下程序进行：

1 验收主持单位召开预备会，明确泵站机组试运行验收委员会成员名单，根据需要，泵站机组试运行验收委员会可下设机组试运行小组，试运行小组由施工单位主持。

2 试运行小组编制机组启动试运行试验文件，并组织进行机组设备的启动试运行和检修工作。验收委员会应对试运行情况进行巡视检查。

3 泵站机组试运行满足下列条件时，试运行小组应建议召开验收会议：

（1）泵站机组带额定负荷连续试运行时间为 24 h 或 7 d 内累计运行时间为 48 h，包括机组无故障停机次数不少于 3 次；

（2）泵站每台机组完成机组试运行验收后，应进行机组联合试运行，联合试运行的时间按设计要求进行。机组联合试运行可以和最后一台机组试运行验收合并进行；

（3）受水量限制无法满足上述要求时，项目建管单位应组织论证并提出专门报告报省南水北调办备案后，可以适当减少连续试运行的时间或降低负荷。

4 召开大会

（1）宣布验收会议程；

（2）宣布通水验收委员会成员名单；

（3）观看工程声像资料；

（4）听取机组试运行小组提出的试运行工作报告。

5 查看工程现场

6 召开大会

（1）检查工程及验收资料；

（2）讨论并通过泵站机组试运行验收鉴定书；

（3）验收委员会成员在验收鉴定书上签字。

6.4.7 泵站机组试运行验收工作的主要成果性文件是泵站机组试运行验收鉴定书（格式见附录 J），材料的份数按验收主持单位、质量监督机构、项目建管单位和工程参建单位各 1 份以及归档所需要份数确定。

6.5 专项验收

6.5.1 工程专项验收是指按照省南水北调办和国家有关规定，列入南水北调配套工程项目内进行建设的专项工程和专项工作完成后进行的验收，包括水土保持工程验收、环境保护工程验收、消防设施验收、征地补偿与移民安置工作验收、工程建设档案验收以及其他专项验收。

6.5.2 专项验收一般应在设计单元工程竣工验收前完成。项目建管单位应做好专项验收的有关准备和配合工作。

6.5.3 专项验收应具备的条件、验收主要内容、验收程序以及验收成果性文件的具体要求等应执行国家及相关行业主管部门的有关规定。

6.5.4 专项验收成果性文件应是工程竣工验收成果性文件的组成部分。项目建管单位提交设计单元工程竣工验收申请报告时,应对专项验收情况进行说明并附相关专项验收成果性文件复印件。

6.6 设计单元工程完工验收

6.6.1 设计单元工程按照批准的初步设计全部完成且通过所有施工合同验收后,项目建管单位应及时向省南水北调办申请设计单元工程完工验收,其内容要求见附录 K。

6.6.2 设计单元工程完工验收由省南水北调办主持。

6.6.3 项目建管单位应在完工验收会 15 个工作日前将附录 K 所列资料送达验收委员会成员单位各 1 套。完工验收主要工作报告编写大纲见附录 L,报告格式参见附录 M。

6.6.4 设计单元工程完工验收由完工验收委员会负责。完工验收委员会由省南水北调办、地方政府、市南水北调办、有关行政主管部门、质量监督机构、运行管理单位、专项验收工作组代表以及技术、经济和管理等方面的专家组成。验收委员会主任委员由省南水北调办代表担任。

6.6.5 项目建管单位以及工程勘测、设计、施工、监理、主要设备供应(制造)商、管道制造厂家、质量检测、安全评估等单位作为被验收单位参加验收会议,负责解答验收委员会提出的问题,并作为被验收单位在有关验收成果性文件上签字。

6.6.6 完工验收可分为技术性初步验收、完工验收两个阶段进行。

6.6.7 技术性初步验收由省南水北调办组织成立的初步验收工作组负责,工作组可以根据工程需要分设若干专业组按专业进行工程技术性检查。技术较复杂的项目,可以成立专家组或委托具有资质的单位承担技术性检查工作。

6.6.8 专家组对工程进行技术性检查后,应提出由全体专家签名的工程技术性检查报告。

6.6.9 承担技术性检查的单位对工程进行技术性检查后,应提出技术性检查报告。技术性检查报告应有单位法定代表人或授权代理人签字。

6.6.10 技术性初步验收应具备以下条件:
    1 工程主要建设内容已按批准设计全部完成;
    2 工程投资已基本到位;
    3 完工验收所需要的验收资料、主要工作报告已准备就绪。

6.6.11 技术性检查的主要工作内容是:
    1 检查工程设计是否满足工程建设强制性标准的要求;
    2 检查工程是否存在影响工程安全的设计问题;
    3 检查历次验收执行的技术标准是否准确;

4 检查验收的工程是否在批准的设计范围内；

5 检查工程存在的质量缺陷是否影响工程使用寿命和安全运行；

6 检查未完工程是否影响工程安全运行；

7 对工程重大技术问题做出评价。

6.6.12 技术性初步验收的主要工作是：

1 审查有关单位的工作报告；

2 检查工程建设情况，鉴定工程质量；

3 检查历次验收中的遗留问题和已通过施工合同验收的工程在试运行或管理过程中所发现问题的处理情况；

4 确定尾工内容清单、完成期限和责任单位；

5 检查验收安全评估情况，对重大技术问题做出评价；

6 检查工程验收资料的整理情况；

7 可以根据工程检查的需要，对工程质量做必要的抽检；

8 提出完工验收的建议日期；

9 起草设计单元工程完工验收鉴定书初稿。

6.6.13 技术性初步验收会由验收主持单位的代表主持，会议的工作程序主要是：

1 召开预备会，确定技术性初步验收工作组成员，成立技术性初步验收各专业技术组。

2 召开大会。

（1）宣布验收会议程；

（2）宣布技术性初步验收工作组和各专业技术组成员名单；

（3）观看工程声像资料；

（4）听取项目建管、监理、设计、施工、质量检测、安全评估、质量监督、运行管理等单位的工作报告。

3 分专业技术组检查工程及验收资料，讨论并形成各专业技术组工作报告。

4 召开技术性初步验收工作组会议，听取各专业技术组工作报告以及工程技术性检查报告等，讨论并通过技术性初步验收工作报告，提出设计单元工程完工验收鉴定书（初稿）。

5 召开大会。

（1）宣读技术性初步验收工作报告；

（2）验收工作组成员在技术性初步验收工作报告上签字。

6.6.14 技术性初步验收工作的主要成果性文件是技术性初步验收工作报告，其格式见附录 N。自报告通过之日起 30 个工作日内，由省南水北调办行文发送至有关单位。

6.6.15 技术性初步验收工作完成后，应进行设计单元工程完工验收。设计单元工程完工验收应具备以下条件：

1 建设资金已经全部到位；

2 工程项目全部完成；

3 施工合同验收已经完成，且项目建管单位已经组织完成项目质量评定，工程达到合格标准。

4 要求进行的重要工程项目安全评估已经完成；

5 有关专项验收已经完成；

6 工程决算报告已经完成或概算执行情况报告已经做出；

7 质量监督机构已经提交工程质量监督报告；

8 在完工验收前应提交和备查的资料已经准备就绪；

9 技术性初步验收确定的在完工验收前应完成的工作已经完成；

10 国家规定的其他条件。

6.6.16 当第 6.6.15 条规定的条件尚未完全具备，但属于下列情况之一的，经过省南水北调办同意后可以进行完工验收：

1 个别工程项目尚未建成，但不影响主体工程正常安全运行和效益发挥。项目建管单位已经留足该工程项目的投资，并对建设做出妥善安排；

2 由于特殊原因少量尾工不能完成，但不影响工程正常安全运用，项目建管单位已经对尾工的完成做出具体安排；

3 工程建设征地补偿及移民安置工作尚未完成，但已经有落实的完成计划和明确的专门实施机构。工程主要建筑物安全保护范围内的征地补偿及移民安置已经完成。

4 非项目建管单位或项目实施单位原因，专项验收尚未完成。

6.6.17 完工验收的主要工作是：

1 审查项目建管单位工程建设管理工作报告和技术性初步验收工作组技术性初步验收工作报告；

2 检查工程建设和管理情况；

3 检查工程决算或概算执行情况；

4 检查专项验收工作情况及要求的验收安全评估；

5 协调处理有关问题；

6 鉴定工程质量；

7 讨论并通过设计单元工程完工验收鉴定书。

6.6.18 完工验收会由完工验收委员会主任委员主持，完工验收会主要工作程序是：

1 召开预备会，听取项目建管单位有关验收会准备情况汇报，确定完工验收委员会成员名单。

2 召开大会。

(1)宣布验收会议程；

(2)宣布验收委员会委员名单；

(3)听取项目建管单位工程建设管理工作报告；

(4)听取初步验收工作组技术性初步验收工作报告；

(5)听取专项验收情况及验收安全评估情况介绍；

(6)听取质量监督机构的工程质量监督报告；

(7)观看工程声像资料。

3 检查工程及验收资料。

4 召开验收委员会会议，协调处理有关问题，讨论并通过设计单元工程完工验收鉴定书。

5 召开大会。

(1)宣读设计单元工程完工验收鉴定书；

（2）验收委员会委员在设计单元工程完工验收鉴定书上签字；

（3）被验收单位代表在设计单元工程完工验收鉴定书上签字。

6.6.19 完工验收工作的主要成果性文件是设计单元工程完工验收鉴定书，其格式见附录O。设计单元工程完工验收鉴定书是设计单元工程具备移交条件的标志。自鉴定书通过之日起30个工作日内，由省南水北调办行文发送至有关单位。

6.7 竣工验收

6.7.1 设计单元工程全部通过完工验收后，省建管局应及时向省南水北调办申请配套工程竣工验收，其内容要求见附录P。

6.7.2 配套工程竣工验收由省南水北调办主持，竣工验收委员会负责。竣工验收委员会由省南水北调办、市南水北调办、有关行政主管部门、质量监督机构、运行管理单位、专项验收工作组代表以及技术、经济和管理等方面的专家组成。验收委员会主任委员由省南水北调办代表担任。

6.7.3 省建管局、项目建管单位、工程勘测、设计、施工、监理、主要设备供应（制造）商、管道制造厂家、质量检测、安全评估等单位作为被验收单位参加验收会议，负责解答验收委员会提出的问题，并作为被验收单位在有关验收成果性文件上签字。

6.7.4 竣工验收分技术性初步验收、竣工验收两阶段进行。

6.7.5 竣工技术性初步验收专家组下设专业工作组，并在各专业工作组检查意见的基础上形成竣工技术性初步验收工作报告。

6.7.6 竣工技术性初步验收应包括以下主要内容：

1 检查工程是否按批准的设计完成；

2 检查工程是否存在质量隐患和影响工程安全运行的问题；

3 检查历次验收、专项验收的遗留问题和工程初期运行中所发现问题的处理情况；

4 对工程重大技术问题做出评价；

5 检查工程尾工安排情况；

6 鉴定工程施工质量；

7 检查工程投资、财务决算执行情况；

8 对验收中发现的问题提出处理意见。

6.7.7 竣工技术性初步验收应按以下程序进行：

1 现场检查工程建设情况并查阅有关工程建设资料；

2 听取省建管局、设计、监理、施工、质量监督机构、运行管理等单位工作报告；

3 听取竣工验收技术鉴定报告和工程质量抽样检测报告；

4 专业工作组讨论并形成各专业工作组意见；

5 讨论并通过竣工技术性初步验收工作报告，其格式见附录Q；

6 讨论并形成竣工验收鉴定书初稿。

6.7.8 竣工技术性初步验收工作报告应是竣工验收鉴定书的附件。

6.7.9 竣工技术性初步验收完成后，应进行竣工验收。

6.7.10 竣工验收会议应包括以下主要内容和程序：

1 现场检查工程建设情况及查阅有关资料；

2 召开大会。

（1）宣布验收委员会组成人员名单；

（2）观看工程建设声像资料；

（3）听取工程建设管理工作报告；

（4）听取竣工技术预验收工作报告；

（5）听取验收委员会确定的其他报告；

（6）讨论并通过竣工验收鉴定书；

（7）验收委员会委员和被验收单位代表在竣工验收鉴定书上签字。

6.7.11 工程项目质量达到合格以上等级的,竣工验收的质量结论意见应为合格。

6.7.12 竣工验收鉴定书格式见附录 R。数量按验收委员会组成单位、工程主要参建单位各 1 份以及归档所需要份数确定。自鉴定书通过之日起 30 个工作日内,应由省南水北调办发送至有关单位。

7 工程移交及遗留问题处理

7.1 工程交接

7.1.1 通过合同项目完成验收后,项目建管单位与施工单位应在30个工作日内组织专人负责工程的交接工作,交接过程应有完整的文字记录且有双方交接负责人签字。

7.1.2 项目建管单位与施工单位应在施工合同或验收鉴定书约定的时间内完成工程及其档案资料的交接工作。

7.1.3 工程办理具体交接手续的同时,施工单位应向项目建管单位递交工程质量保修书,其格式见附录S。保修书的内容应符合合同约定的条件。

7.1.4 工程质量保修期应从工程通过合同项目完成验收之日起开始计算,但合同另有约定的除外。

7.1.5 在施工单位递交了工程质量保修书、完成施工场地清理以及提交有关竣工资料后,项目建管单位应在30个工作日内向施工单位颁发合同工程完工证书,其格式见附录T。

7.2 工程移交

7.2.1 通过单项工程通水验收后,项目建管单位宜将工程移交运行管理单位管理,并与其签订工程提前启用协议。

7.2.2 在竣工验收鉴定书印发后60个工作日内,项目建管单位与运行管理单位应完成工程移交手续。

7.2.3 工程移交应包括工程实体、其他固定资产和工程档案资料等,应按照初步设计等有关批准文件进行逐项清点,并办理移交手续。

7.2.4 办理工程移交,应有完整的文字记录和双方法定代表人签字。

7.3 验收遗留问题及尾工处理

7.3.1 有关验收成果性文件应对验收遗留问题有明确的记载。影响工程正常运行的,不应作为验收遗留问题处理。

7.3.2 验收遗留问题和尾工的处理应由项目建管单位负责。项目建管单位应按照竣工验收鉴定书、合同约定等要求,督促有关责任单位完成处理工作。

7.3.3 验收遗留问题和尾工处理完成后,有关单位组织验收,并形成验收成果性文件。项目建管单位应参加验收并负责将验收成果性文件报省南水北调办。

7.3.4 工程竣工验收后,应由项目建管单位负责处理的验收遗留问题,项目建管单位已撤销的,应由组建或批准组项目建管单位的单位或其指定的单位处理完成。

7.4 工程竣工证书颁发

7.4.1 工程质量保修期满后 30 个工作日内,项目建管单位应向施工单位颁发工程质量保修责任终止证书,其格式见附录 U。但保修责任范围内的质量缺陷未处理完成的应除外。

7.4.2 工程质量保修期满以及验收遗留问题和尾工处理完成后,项目建管单位应向省南水北调办申请领取竣工证书。申请报告应包括以下内容:

1 工程移交情况;

2 工程运行管理情况;

3 验收遗留问题和尾工处理情况;

4 工程质量保修期有关情况。

7.4.3 省南水北调办应自收到项目法人申请报告后 30 个工作日内决定是否颁发工程竣工证书,其格式见附录 V(正本)和附录 W(副本)。颁发竣工证书应符合以下条件:

1 竣工验收鉴定书已印发;

2 工程遗留问题和尾工处理已完成并通过验收;

3 工程已全面移交运行管理单位管理。

7.4.4 工程竣工证书是全面完成工程项目建设管理任务的证书,也是工程参建单位完成相应工程建设任务的最终证明文件。

7.4.5 工程竣工证书数量应按正本 3 份和副本若干份颁发,正本应由省建管局、运行管理单位和档案部门保存,副本应由工程主要参建单位保存。

8　附　　录

附录 A　法人验收工作方案和计划内容要求

（报送单位全称）：

一、工程概况

二、工作方案

三、工程项目划分

四、工程建设总进度计划

五、法人验收工作计划

（申请单位全称及盖章）

年　月　日

附录 B 验收应提供的资料目录

序号	资料名称	分部工程验收	单位工程验收	合同项目完成验收	单项工程通水验收	泵站机组试运行验收	设计单元工程完工验收	竣工验收	提供单位
1	工程建设管理工作报告		√	√	√	√	√	√	项目建管单位
2	工程建设大事记						√	√	项目建管单位
3	拟验工程清单、未完工程清单、未完工程的建设安排		√	√	√	√	√	√	项目建管单位
4	技术性初步验收工作报告				*	*	√	√	专家组
5	验收鉴定书（初稿）				√	√	√	√	项目法人
6	度汛方案				*	√	√	√	项目法人
7	工程调度运用方案					√	√	√	项目法人
8	工程建设监理工作报告		√	√	√	√	√	√	监理机构

序号	资料名称	分部工程验收	单位工程验收	合同项目完成验收	单项工程通水验收	泵站机组试运行验收	设计单元工程完工验收	竣工验收	提供单位
9	工程设计工作报告		√	√	√	√	√	√	设计单位
10	工程施工管理工作报告		√	√	√	√	√	√	施工单位
11	运行管理工作报告				*		√	√	运行管理单位
12	工程质量和安全监督报告				√	√	√	√	工程质量和安全监督机构
13	竣工技术性初步验收工作报告						*	*	技术鉴定单位
14	机组启动试运行计划文件				√		√	√	施工单位
15	机组试运行工作报告				√		√	√	施工单位
16	重大技术问题专题报告					*	*	*	项目建管单位

注:符号"√"表示"应提供",符号"＊"表示"宜提供"或"根据需要提供"。

附录C 验收需提供的备查档案资料清单

序号	资料名称	分部工程验收	单位工程验收	合同项目完成验收	单项工程通水验收	泵站机组试运行验收	设计单元工程完工验收	竣工验收	提供单位
1	前期工作文件及批复文件		√	√	√	√	√	√	项目建管单位
2	主管部门批文		√	√	√	√	√	√	项目建管单位
3	招标投标文件		√	√	√	√	√	√	项目建管单位
4	合同文件		√	√	√	√	√	√	项目建管单位
5	工程项目划分资料	√	√	√	√	√	√	√	项目建管单位
6	单元工程质量评定资料	√	√	√	√	√	√	√	施工单位
7	分部工程质量评定资料		√	√	√		√	√	项目建管单位
8	单位工程质量评定资料		√	*	*		√	√	项目建管单位
9	工程外观质量评定资料		√		*		√	√	项目建管单位

序号	资料名称	分部工程验收	单位工程验收	合同项目完成验收	单项工程通水验收	泵站机组试运行验收	设计单元工程完工验收	竣工验收	提供单位
10	工程质量管理有关文件	√	√	√	√	√	√	√	参建单位
11	工程安全管理有关文件	√	√	√	√	√	√	√	参建单位
12	工程施工质量检验文件	√	√	√	√	√	√	√	施工单位
13	工程监理资料	√	√	√	√	√	√	√	监理单位
14	施工图设计文件		√	√	√	√	√	√	设计单位
15	工程设计变更资料	√	√	√	√	√	√	√	设计单位
16	竣工图纸		√	√	√	√	√	√	施工单位
17	征地移民有关文件		√	*	√		√	√	承担单位
18	重要会议记录	√	√	√	√	√	√	√	项目建管单位

序号	资料名称	分部工程验收	单位工程验收	合同项目完成验收	单项工程通水验收	泵站机组试运行验收	设计单元工程完工验收	竣工验收	提供单位
19	质量缺陷备案表	√	√	√	√	√	√	√	监理机构
20	安全、质量事故资料	√	√	√	√	√	√	√	项目建管单位
21	竣工决算及审计资料						√	√	项目建管单位
22	工程建设中使用的技术标准	√	√	√	√	√	√	√	参建单位
23	工程建设标准强制性条文	√	√	√	√	√	√	√	参建单位
24	专项验收有关文件						√	√	项目建管单位
25	其他档案资料	根据需要由有关单位提供							

注:符号"√"表示"应提供",符号"＊"表示"宜提供"或"根据需要提供"。

附录 D　法人验收申请报告内容要求

（报送单位全称）：

一、验收范围

二、工程验收条件自查结果

三、建议验收时间(　　年　月　日)

（申请单位全称及盖章）

年　月　日

监理机构审核意见：

（监理机构全称及盖章）

年　月　日

附录 E 分部工程验收鉴定书格式

编号：

××××××工程
×××分部工程验收

鉴 定 书

单位工程名称：

××××分部工程验收工作组

年 月 日

前言（包括验收依据、组织机构、验收过程等）

一、分部工程开工完工日期

二、分部工程建设内容

三、施工过程及完成的主要工程量

四、质量事故及质量缺陷处理情况

五、拟验工程质量评定（包括单元工程、重要隐蔽及关键部位单元工程个数、合格率和优良率；施工单位自评结果；监理单位复核意见；分部工程质量等级评定意见）

六、验收遗留问题及处理意见

七、结论

八、保留意见（应有本人签字）

九、分部工程验收工作组成员签字表

十、附件：验收遗留问题处理记录

附录 F 单位工程验收鉴定书格式

编号：

×××××××工程
××××单位工程验收

鉴 定 书

××××单位工程验收工作组
年 月 日

验收主持单位：

法人验收监督管理机关：

项目法人：

项目建管单位：

勘测单位：

设计单位：

监理单位：

施工单位：

主要设备制造（供应）商单位：

质量和安全监督机构：

运行管理单位：

验收时间（   年 月 日）：

验收地点：

前言(包括验收依据、组织机构、验收过程等)

一、单位工程概况

（一）单位工程名称及位置

（二）单位工程主要建设内容

（三）单位工程建设过程(包括工程开工、完工时间,施工中采取的主要措施等)

二、验收范围

三、单位工程完成情况和完成的主要工程量

四、单位工程质量评定

（一）分部工程质量评定

（二）工程外观质量评定

（三）工程质量检测情况

1.施工单位自检情况

2.监理单位抽检情况

3.单位工程完成第三方检测情况

（四）单位工程质量等级评定意见

五、分部验收遗留问题处理情况

六、运行准备情况

七、存在的主要问题及处理意见

八、意见和建议

九、结论

十、保留意见(应有本人签字)

十一、单位工程验收工作组成员签字表

附录 G 合同项目完成验收鉴定书格式

×××××××工程
×××合同项目完成验收
（合同名称及编号）

鉴 定 书

×××合同项目完成验收工作组
年 月 日

项目法人：

项目建管单位：

勘测单位：

设计单位：

监理单位：

施工单位：

主要设备制造(供应)商单位：

质量和安全监督机构：

运行管理单位：

验收时间(　　年　月　日)：

验收地点：

前言(包括验收依据、组织机构、验收过程等)

一、合同项目概况

　　(一)合同项目名称及位置

　　(二)合同项目主要建设内容

　　(三)合同项目建设过程

二、验收范围

三、合同执行情况(包括合同管理、工程完成情况和完成的主要工程量、结算情况等)

四、合同项目质量评定

五、历次验收遗留问题处理情况

六、存在的主要问题及处理意见

七、意见和建议

八、结论

九、保留意见(应有本人签字)

十、合同项目验收工作组成员签字表

十一、附件:施工单位向项目法人移交资料目录

附录 H 单项工程通水验收鉴定书格式

×××××××工程
××××单项工程通水验收

鉴 定 书

××××工程××××单项工程通水验收委员会
年 月 日

验收主持单位：

法人验收监督管理机关：

项目法人：

项目建管单位：

勘测单位：

设计单位：

监理单位：

主要施工单位：

主要设备制造（供应）商单位：

质量和安全监督机构：

运行管理单位：

验收时间（　　年　月　日）：

验收地点：

前言(包括验收依据、组织机构、验收过程等)

一、工程概况

  (一)工程位置及开发任务

  (二)主要技术特征指标

  (三)项目设计情况(包括设计审批情况、工程投资和主要设计工程量)

  (四)项目建设简况(包括工程建设主要单位、工程施工和完成工程量情况等)

二、验收范围和内容

三、工程形象面貌(对应验收范围内容的工程完成情况)

四、工程质量评定

五、验收前已完成的工作(包括安全鉴定、技术性初步验收等)

六、截流(蓄水、通水等)总体安排

七、度汛和调度运行方案

八、未完工程建设安排

九、存在的问题及处理意见

十、建议

十一、结论

十二、验收委员会委员签字表

十三、附件:技术性初步验收工作报告(如有时)

附录 I 单项工程技术性初步验收工作报告格式

×××××工程

技术性初步验收工作报告

×××工程技术性初步验收工作组
年 月 日

一、工程概况

二、技术性初步验收工程形象面貌及主要技术经济指标

三、技术性初步验收的项目、范围和内容

四、重要技术问题处理情况

五、工程质量情况

六、存在问题及建议

七、结论

八、技术性初步验收工作组成员签字表

附录 J 泵站机组试运行验收鉴定书格式

×××××工程

泵 站 机 组 试 运 行 验 收

鉴 定 书

×××工程泵站机组试运行验收委员会(工作组)

年 月 日

验收主持单位：

法人验收监督管理机关：

项目法人：

项目建管单位：

勘测单位：

设计单位：

监理单位：

主要施工单位：

主要设备制造(供应)商单位：

质量和安全监督机构：

运行管理单位：

验收时间(　　年　月　日)：

验收地点：

前言（包括验收依据、组织机构、验收过程等）

一、工程概况

 （一）工程主要建设内容

 （二）机组主要技术特征指标

 （三）机组及辅助设备设计、制造和安装情况

 （四）与机组启动有关的工程形象面貌

二、验收范围和内容

三、工程质量评定

四、验收前已完成的工作（试运行、带负荷连续运行情况）

五、技术预验收情况

六、存在的主要问题及处理意见

七、建议

八、结论

九、验收委员会（工作组）成员签字表

十、附件：技术预验收工作报告（如有时）

附录 K 设计单元工程完工验收申请报告内容要求

（报送单位全称）：

一、工程项目基本情况

二、工程项目验收条件的检查结果

三、工程项目验收准备工作情况

四、建议验收时间、地点和参加单位

（申请单位全称并盖公章）

年　月　日

附录 L 设计单元工程完工验收主要工作报告编写大纲

L.1 工程建设管理工作报告

L.1.1 工程概况
1 工程位置
2 立项、初设文件批复
3 工程建设任务及设计标准
4 主要技术特征指标
5 工程主要建设内容
6 工程布置
7 工程投资
8 主要工程量和总工期

L.1.2 工程建设简况
1 施工准备
2 工程施工分标情况及参建单位
3 工程开工报告及批复
4 主要工程开完工日期
5 主要工程施工过程
6 主要设计变更
7 重大技术问题处理
8 施工期防汛度汛

L.1.3 专项工程和工作
1 征地补偿和移民安置
2 环境保护工程
3 水土保持设施
4 工程建设档案

L.1.4 项目管理
1 机构设置及工作情况
2 主要项目招标投标过程
3 工程概算与投资计划完成情况
  1）批准概算与实际执行情况
  2）年度计划安排
  3）投资来源、资金到位及完成情况
4 合同管理
5 材料及设备供应
6 资金管理与合同价款结算

L.1.5 工程质量

1 工程质量管理体系和质量监督

2 工程项目划分

3 质量控制和检测

4 质量事故处理情况

5 质量等级评定

L.1.6 安全生产与文明工地

L.1.7 工程验收

1 单位工程验收

2 阶段验收

3 专项验收

L.1.8 历次验收、鉴定遗留问题处理情况

L.1.9 工程运行管理情况

1 管理机构、人员和经费情况

2 工程移交

L.1.10 工程初期运行及效益

1 工程初期运行情况

2 工程初期运行效益

3 工程观测、监测资料分析

L.1.11 竣工财务决算编制与竣工审计情况

L.1.12 存在问题及处理意见

L.1.13 工程尾工安排

L.1.14 经验与建议

L.1.15 附件：

1 项目法人的机构设置及主要工作人员情况表

2 项目建议书、可行性研究报告、初步设计等批准文件及调整批准文件。

L.2 工程建设大事记

L.2.1 根据水利工程建设程序,主要记载项目法人从委托设计、报批立项直到竣工验收过程中对工程建设有较大影响的事件,包括有关批文、上级有关批示、设计重大变化、主管部门稽查和检查、有关合同协议的签订、建设过程中的重要会议、施工期度汛抢险及其他重要事件、主要项目的开工和完工情况、历次验收等情况。

L.2.2 工程建设大事记可单独成册,也可作为"工程建设管理工作报告"的附件。

L.3 工程施工管理工作报告

L.3.1 工程概况

L.3.2 工程投标

L.3.3 施工进度管理

L.3.4 主要施工方法

L.3.5 施工质量管理

L.3.6 文明施工与安全生产

L.3.7 合同管理

L.3.8 经验与建议

L.3.9 附件

    1 施工管理机构设置及主要工作人员情况表

    2 投标时计划投入的资源与施工实际投入资源情况表

    3 工程施工管理大事记

    4 技术标准目录

L.4　工程设计工作报告

L.4.1 工程概况

L.4.2 工程规划设计要点

L.4.3 工程设计审查意见落实

L.4.4 工程标准

L.4.5 设计变更

L.4.6 设计文件质量管理

L.4.7 设计服务

L.4.8 工程评价

L.4.9 经验与建议

L.4.10 附件

    1 设计机构设置和主要工作人员情况表

    2 工程设计大事记

    3 技术标准目录

L.5　工程建设监理工作报告

L.5.1 工程概况

L.5.2 监理规划

L.5.3 监理过程

L.5.4 监理效果

L.5.5 工程评价

L.5.6 经验与建议

L.5.7 附件

    1 监理机构的设置与主要人员情况表

    2 工程建设监理大事记

L.6　运行管理工作报告

L.6.1 工程概况

L.6.2 运行管理

L.6.3 工程初期运行

L.6.4 工程监测资料和分析

L.6.5 意见和建议

L.6.6 附件

　　1 管理机构设立的批文

　　2 机构设置情况和主要工作人员情况

　　3 规章制度目录

L.7　工程质量监督报告

L.7.1 工程概况

L.7.2 质量监督工作

L.7.3 参建单位质量管理体系

L.7.4 工程项目划分确认

L.7.5 工程质量检测

L.7.6 工程质量核备与核定

L.7.7 工程质量事故和缺陷处理

L.7.8 工程项目质量结论意见

L.7.9 附件

　　1 有关该工程项目质量监督人员情况表

　　2 工程建设过程中质量监督意见(书面材料)汇总

L.8　专项验收工作报告

编制大纲按照南水北调办、国家及行业有关规定执行。

附录 M 完工验收主要工作报告格式

×××××完工验收

×××工作报告

编制单位：

年　月　日

批准：

审定：

审核：

主要编写人员：

×××××××工程

技术性初步验收工作报告

××××技术性初步验收专家组
年　月　日

前言(包括验收依据、组织机构、验收过程等)

第一部分 工程建设

一、工程概况

  (一)工程名称、位置

  (二)工程主要任务和作用

  (三)工程设计主要内容

  1.工程立项、设计批复文件

  2.设计标准、规模及主要技术经济指标

  3.主要建设内容及建设工期

二、工程施工过程

  1.主要工程开工、完工时间(附表)

  2.重大技术问题及处理

  3.重大设计变更

三、工程完成情况和完成的主要工程量

四、工程验收、鉴定情况

  (一)单位工程验收

  (二)阶段验收

  (三)专项验收(包括主要结论)

五、工程质量

  (一)工程质量监督

  (二)工程项目划分

（三）工程质量检测

（四）工程质量核定

六、工程运行管理

（一）管理机构、人员和经费

（二）工程移交

七、工程初期运行及效益

（一）工程初期运行情况

（二）工程初期运行效益

（三）初期运行监测资料分析

八、历次验收及相关鉴定提出的主要问题的处理情况

九、工程尾工安排

十、评价意见

第二部分　专项工程(工作)及验收

一、征地补偿和移民安置

（一）规划(设计)情况

（二）完成情况

（三）验收情况及主要结论

二、水土保持设施

（一）设计情况

（二）完成情况

（三）验收情况及主要结论

三、环境保护

　　（一）设计情况

　　（二）完成情况

　　（三）验收情况及主要结论

四、工程档案（验收情况及主要结论）

五、消防设施（验收情况及主要结论）

六、其他

第三部分　财务审计

一、概算批复

二、投资计划下达及资金到位

三、投资完成及交付资产

四、征地拆迁及移民安置资金

五、结余资金

六、预计未完工程投资及费用

七、财务管理

八、竣工财务决算报告编制

九、稽查、检查、审计

十、评价意见

第四部分　意见和建议

第五部分　结　论

第六部分　竣工技术预验收专家组专家签名表

×××××工程
设计单元工程完工验收

鉴 定 书

××××工程设计单元工程完工验收委员会
年 月 日

验收主持单位：

法人验收监督管理机关：

项目法人：

项目建管单位：

勘测单位：

设计单位：

监理单位：

主要施工单位：

主要设备制造（供应）商单位：

质量和安全监督机构：

运行管理单位：

验收时间（　　年　月　日）：

验收地点：

前言(包括验收依据、组织机构、验收过程等)

一、设计单元工程概况

（一）设计单元工程名称及位置

（二）设计单元工程主要建设内容

二、验收范围和内容

三、设计单元工程概况

（一）设计单元工程主要建设内容

（二）设计单元工程建设过程(包括工程开工、完工时间,施工中采取的主要措施等)

四、拟投入使用工程完成情况和完成的主要工程量

五、设计单元工程质量评定

（一）设计单元工程质量评定

（二）设计单元工程质量检测情况

六、验收遗留问题处理情况

七、调度运行方案、度汛方案

八、存在的主要问题及处理意见

九、建议

十、结论

十一、保留意见(应有本人签字)

十二、设计单元工程验收委员会成员签字表

附录 P 配套工程竣工验收申请报告内容要求

（报送单位全称）：

一、工程基本情况

二、竣工验收应具备的条件检查结果

三、尾工情况及安排意见

四、验收准备工作情况

五、建议验收时间、地点和参加单位

六、附件：

（申请单位全称及盖章）

年 月 日

×××××工程

竣工技术性初步验收工作报告

×××工程竣工技术性初步验收专家组
年 月 日

前言(包括验收依据、组织机构、验收过程等)

第一部分　工程建设

一、工程概况

　　(一)工程名称、位置

　　(二)工程主要任务和作用

　　(三)工程设计主要内容

　　1.工程立项、设计批复文件

　　2.设计标准、规模及主要技术经济指标

　　3.主要建设内容及建设工期

二、工程施工过程

　　1.主要工程开工、完工时间(附表)

　　2.重大技术问题及处理

　　3.重大设计变更

三、工程完成情况和完成的主要工程量

四、工程验收、鉴定情况

　　(一)单位工程验收

　　(二)合同项目完成验收

　　(三)单项工程通水验收

　　(四)技术性初步验收

　　(五)泵站机组试运行验收

　　(六)设计单元工程完工验收

　　(七)竣工验收技术鉴定(包括主要结论)

五、工程质量

　　(一)工程质量监督

　　(二)工程项目划分

（三）工程质量检测

（四）工程质量核定

六、工程运行管理

（一）管理机构、人员和经费

（二）工程移交

七、工程初期运行及效益

（一）工程初期运行情况

（二）工程初期运行效益

（三）初期运行监测资料分析

八、历次验收及相关鉴定提出的主要问题的处理情况

九、工程尾工安排

十、评价意见

第二部分　专项工程（工作）及验收

一、征地补偿和移民安置

（一）规划（设计）情况

（二）完成情况

（三）验收情况及主要结论

二、水土保持设施

（一）设计情况

（二）完成情况

（三）验收情况及主要结论

三、环境保护

　　（一）设计情况

　　（二）完成情况

　　（三）验收情况及主要结论

四、工程档案（验收情况及主要结论）

五、消防设施（验收情况及主要结论）

六、其他

第三部分　财务审计

一、概算批复

二、投资计划下达及资金到位

三、投资完成及交付资产

四、征地拆迁及移民安置资金

五、结余资金

六、预计未完工程投资及费用

七、财务管理

八、竣工财务决算报告编制

九、稽查、检查、审计

十、评价意见

第四部分　意见和建议

第五部分　结　论

第六部分　竣工技术性初步验收专家组专家签名表

×××××工程竣工验收

鉴 定 书

×××工程竣工验收委员会

年 月 日

前言(包括验收依据、组织机构、验收过程等)

一、工程设计和完成情况

（一）工程名称及位置

（二）工程主要任务和作用

（三）工程设计主要内容

1. 工程立项、设计批复文件

2. 设计标准、规模及主要技术经济指标

3. 主要建设内容及建设工期

4. 工程投资及投资来源

（四）工程建设有关单位(可附表)

（五）工程施工过程

1. 主要工程开工、完工时间

2. 重大设计变更

3. 重大技术问题及处理情况

（六）工程完成情况和完成的主要工程量

（七）征地补偿及移民安置

（八）水土保持设施

（九）环境保护工程

二、工程验收及鉴定情况

（一）单位工程验收

（二）合同项目完成验收

（三）单项工程通水验收

（四）技术性初步验收

（五）泵站机组试运行验收

（六）设计单元工程完工验收

（七）竣工验收技术鉴定

三、历次验收及相关鉴定提出问题的处理情况

四、工程质量

　　（一）工程质量监督

　　（二）工程项目划分

　　（三）工程质量抽检（如有时）

　　（四）工程质量核定

五、概算执行情况

　　（一）投资计划下达及资金到位

　　（二）投资完成及交付资产

　　（三）征地补偿和移民安置资金

　　（四）结余资金

　　（五）预计未完工程投资及预留费用

　　（六）竣工财务决算报告编制

　　（七）审计

六、工程尾工安排

七、工程运行管理情况

　　（一）管理机构、人员和经费情况

　　（二）工程移交

八、工程初期运行及效益

　　（一）初期运行管理

　　（二）初期运行效益

　　（三）初期运行监测资料分析

九、竣工技术性初步验收

十、意见和建议

十一、结论

十二、保留意见（应有本人签字）

十三、验收委员会委员和被验单位代表签字表

十四、附件：竣工技术性初步验收工作报告

附录 S 工程质量保修书格式

×××××工程

质 量 保 修 书

施工单位:(盖章)

年 月 日

××××工程质量保修书

一、合同工程完工验收情况

二、质量保修的范围和内容

三、质量保修期

四、质量保修责任

五、质量保修费用

六、其他

    施工单位:(盖章)

    法定代表人:(签字)

年　月　日

附录 T 合同工程完成证书格式

合同工程完成证书

　　×××合同工程已于××××年××月××日通过了由××××主持的合同工程完工验收，现颁发合同工程完成证书。

项目建管单位:(盖章)

法定代表人:(签字)

年　月　日

×××××工程

（合同名称及编号）

质量保修责任终止证书

项目建管单位：（盖章）

年 月 日

×××××××工程

质量保修责任终止证书

　　×××工程(合同名称及编号)质量保修期已于××××年××月××日期满,合同约定的质量保修责任已履行完毕,现颁发质量保修责任终止证书。

项目建管单位:(盖章)

法定代表人:(签字)

年　月　日

附录 V 工程竣工证书格式(正本)

××××工程竣工证书

　　××××工程已于××××年××月××日通过了由××××主持的竣工验收,现颁发工程竣工证书。

颁发机构:(盖章)

年　月　日

注:正本证书外形尺寸:长60 cm×宽40 cm。

附录 W 工程竣工证书格式(副本)

×××××工程

竣 工 证 书

年 月 日

竣工验收主持单位：

法人验收监督管理机关：

项目法人：

项目建管单位：

勘测单位：

设计单位：

监理单位：

主要施工单位：

主要设备制造（供应）商单位：

运行管理单位：

质量和安全监督机构：

工程开工日期：（　　年　月　日）

竣工验收日期：（　　年　月　日）

××××工程竣工证书

工程已于××××年××月××日通过了由××××主持的竣工验收,现颁发工程竣工证书。

颁发机构:(盖章)

年　月　日